ACADÉMIE ROYALE

DES SCIENCES,

BELLES-LETTRES ET ARTS

DE BORDEAUX.

BORDEAUX,

IMPRIMERIE DE BROSSIER, RUE ROYALE, N.º 13

M. DCCC. XXIX.

NOTE

SUR QUELQUES OSSEMENS FOSSILES

DE PALOEOTHERIUM,

RECUEILLIS DANS LE DÉPARTEMENT DE LA GIRONDE,

PAR M. BILLAUDEL, MEMBRE RÉSIDENT;

LUE DANS LA SÉANCE DU 13 AOUT 1829, ET IMPRIMÉE PAR DÉLIBÉRATION DE LA SOCIÉTÉ.

MESSIEURS,

Il y a quelque temps que je vous ai entretenus d'un gisement d'ossemens fossiles trouvés dans l'arrondissement de Libourne. Je m'étais engagé à mettre les pièces sous vos yeux et à vous faire connaître le résultat de mes études sur le genre et l'espèce des animaux. Je viens remplir ma promesse avant que vous ne vous sépariez pour jouir des vacances académiques.

La boîte qui est devant vous renferme un grand nombre de fragmens parmi lesquels se distingue une machoire supérieure, dont les deux branches portent toutes leurs dents à l'exception des incisives. Ce morceau, qu'avec beaucoup de patience je suis parvenu à restaurer en rapprochant et ressoudant les différentes parties qui ont été brisées par l'outil des ouvriers, suffirait seul pour caractériser le genre d'animal auquel il appartenait.

Mais avant de vous faire connaître cet habitant de l'ancien monde, il convient de vous offrir une description rapide des lieux où s'est faite la découverte de ces ossemens fossiles.

Au mois de septembre 1828, nous avons entrepris, M. Jouannet et moi, une excursion sur les bords de la rivière de l'Isle. J'avais proposé cette partie à notre honorable confrère pour lui montrer une coupe géologique bien caractérisée au lieu appelé *le Saillant*. Une fabrique de chaux qui alimentait les travaux du pont de Libourne, m'avait appelé sur ce point remarquable, où une tranchée a été formée pour l'exploitation de la terre à tuiles que met en œuvre le chaufournier.

Cette localité, qui est distante d'environ deux lieues de Libourne, est située presque à la limite du calcaire grossier dans notre département, et présente la superposition bien évidente de cette formation à celle de l'argile plastique; on peut en juger par les circonstances géologiques suivantes : (*Voyez* la coupe des terrains, fig. 3).

L'exploitation de l'argile a lieu sur le bord de la rivière. L'argile bleue qui récèle les ossemens forme un banc de 3 à 4 pieds d'épaisseur; il paraît qu'elle est peu propre à la fabrication des tuiles.

Sur cette argile bleue repose un banc d'argile jaunâtre de trois pieds d'épaisseur, employée à faire des tuiles qui sont blanches après la cuisson.

Par-dessus règne une couche argilo-sableuse, dont les grains siliceux sont quelquefois libres et assez multipliés pour constituer un véritable sable grossier, et quelquefois cimentés et composant une sorte de molasse ou grès bleuâtre facile à rompre, mais étincelant sous le briquet. Cette molasse donne une très-légère effervescence avec les acides. La couche argilo-sableuse a depuis 5 et 6 pouces jusqu'à 2 pieds d'épaisseur. Enfin le tout est recouvert de 10 à 12 pieds d'une argile bleuâtre, marneuse, feuilletée, traversée par des veines rougeâtres, et que les tuiliers rejettent comme impropre à leurs ouvrages; la terre végétale s'étend sur cette couche.

En montant le coteau, on rencontre une seconde carrière où s'extrait un calcaire siliceux renfermant de gros grains de sable, étincelant sous le briquet, et contenant une grande quantité de coquilles marines (huitres, peignes, etc.). Ce banc qui a 3 à 4 pieds d'épaisseur est exploité en moellon propre aux constructions. Il offre le passage de l'argile plastique inférieure au *calcaire grossier coquiller* proprement dit, que l'on trouve à une petite distance, et qui est recherché comme pierre à chaux. Voici les couches observées dans cette troisième carrière.

(6)

1.° 3 pieds terre végétale et pierraille blanche.

2.° 1 p. ¹/₂ banc calcaire feuilleté, blanchâtre.

3.° 4 p. banc argileux, avec cristaux géodiques et mamelonnés.

4.° 18 à 20 p. calcaire à chaux grasse, et dont on extrait aussi des dalles et des pierres de taille; on y observe des bancs alternatifs avec et sans coquilles, de la famille des huitres, des peignes, etc. Revenons maintenant à la couche ossifère.

Tandis que nous explorions les bancs d'argile en exploitation, M. Jouannet trouve un fragment d'os sous ses pieds; il lui reconnaît les caractères fossiles; aussitôt nous fouillons et nous recueillons en peu d'heures une assez grande quantité de débris de squelettes.

Ces pièces étaient tellement fracturées, que j'avais désespéré d'y démêler quelques parties reconnaissables.

Cependant à force de les rapprocher et d'essayer l'union des divers fragmens, je suis parvenu à retrouver parmi un grand nombre de vertèbres, dont les caractères spécifiques sont, comme on sait, assez difficiles à distinguer, une vertèbre caractéristique qui se rapportait à deux figures données par M. Cuvier, dans son *Traité des ossemens fossiles*.

Cette vertèbre, dont les pièces étaient mêlées et avaient été placées sous différens numéros, est l'*axis* ou *deuxième vertèbre cervicale* d'un genre de quadrupède, dont toutes les espèces sont entièment détruites, et que M. Cuvier a désigné sous le nom de *Palæotherium*.

Encouragé par ce premier résultat, j'ai continué mes recherches, et je suis parvenu à distinguer une portion de l'atlas,

Un métacarpien de l'annulaire,

Un fragment d'omoplate,

La tête inférieure d'un humérus,

La tête inférieure d'un tibia,

Le tout appartenant à un *Palæotherium*, autant que j'en pouvais juger par la comparaison avec les planches de M. Cuvier.

Ainsi, j'avais entre les mains des fragmens d'une épine dorsale (les vertèbres), beaucoup de fragmens de côtes méconnaissables, quelques parties des membres de devant, quelques parties des membres de derrière du même animal ; la présence de l'axis, et surtout de l'atlas, m'annonçait que la tête, si elle se trouvait en ce lieu, devait être bien près du fond de l'excavation que nous avions formée dans notre excursion du mois de septembre 1828.

Plein d'un vif sentiment de curiosité, je suis retourné au Saillant le 27 décembre suivant, et bientôt j'ai eu la satisfaction de voir sortir de terre, sous la pioche des ouvriers, *plusieurs dents et fragmens de dents pourvues de leur émail.*

La fouille, prolongée autant que le temps me l'a permis, a enfin mis à découvert les deux canines qui devaient s'ajuster à une machoire supéricure. Mes recherches ultérieures ne m'ont procuré ni les incisives, ni la machoire correspondante à celle d'en haut, dont au reste le ratelier était presque en entier dans mes mains.

Toutes ces pièces, Messieurs, se rapportent au genre *palæotherium* qui est décrit en ces termes dans le tome I.ᵉʳ du *Règne animal* de M. CUVIER (Paris 1817).

« *Palæotherium*. Genre perdu : machelières sem-
» blables à celles du rhinocéros, au nombre de
» sept de chaque côté ; les supérieures sont à
» couronne carrée avec divers linéamens saillans,
» et les inférieures à couronne en double crois-
» sant, etc. Ces animaux paraissent avoir fré-
» quenté les bords des lacs et des étangs. »

Les palæotheriums diffèrent du rhinocéros en ce qu'ils ont deux canines à chaque machoire comme les tapirs.

Il paraît qu'ils portaient comme les tapirs une courte trompe charnue, pour les muscles de laquelle les os du nez étaient raccourcis.

M. CUVIER a découvert un grand nombre d'espèces de *palæotherium* dans les plâtrières des environs de Paris ; il en compte sept qui proviennent de ce gisement ; il indique d'autres espèces découvertes au Puy en Velai, dans les carrières d'Orléans, le long des pentes de la Montagne Noire, et enfin, dans les carrières du parc de M. le duc DECAZES, au domaine de la Grave, qui est situé à environ une lieue au-dessus du village du Saillant dont nous nous occupons aujourd'hui.

Je n'ai pu me procurer, Messieurs, la dernière édition de l'ouvrage de M. Cuvier *sur les ossemens fossiles*, dans laquelle sont probablement décrits les *palæotherium* de la Grave.

Mais parmi les espèces dont les fragmens sont dessinés dans l'édition de 1812, se rencontrent des proportions peu différentes de celles de l'animal dont vous avez une partie du squelette sous les yeux. Voici les résultats de ce rapprochement :

	DIMENSIONS.			RENVOI
	OSSEMENS DU SAILLANT.		DANS M. CUVIER, PALŒOTHERIUM.	AUX MÉMOIRES DE M. CUVIER,
	Figures.	Nombres métriques.	Crassum.	Magnum.	tom. III, édition de 1812.

	Figures.	Nombres métriques.	Crassum.	Magnum.	tom. III, édition de 1812.
Tibia, tête inférieure, largeur.,...	1	0,064	»	0,064	M. IV. p. 134. P. II. Fig. 5 et 7.
Omoplate, largeur avec le tubercule acromian	2	0,088	»	0,08	M. VI. p. 54. P. XI. Fig. 4.
Hurmérus, tête inférieure, largeur.	4	0,075	»	0,087	M. VI. p. . P. XI. Fig. 1.
Cubitus, mêmes proportions.........	5	»	»	»	
Axis, longueur du corps..............		0,14	0,075	»	M. V. p. 3 et 9. P. I. Fig. 6
Largeur.............................	6	0,095	0,053	»	et 7. P. II. Fig. 5.
Épine		0,026	0,012	»	
Atlas, un fragment de grandes proportions.............................	»	»	»	»	
Metacarpien, medius. longueur....		0,15	0,111	0,159	M. VI. p. 45, 46, 48. P. XI. Fig. 4 et 6.
Largeur en bas..	7	0,038	0,03	»	Ibid.
Matacarpien de l'annulaire, largeur en bas............................	8.	0,027	0,025	»	Ibid.
Machoire supérieure, longueur totale des 7 molaires et de la canine.....	9	0,24	»	0,264	M. VI. p. 12 et 13. P. V. Fig. 1.

C'est comme on voit à l'espèce de *palæothe-rium magnum* qu'appartient l'individu que nous étudions en ce moment.

M. Cuvier nous donne une idée de ses dimensions en le comparant au *cheval*.

Ces animaux ont cela de particulier qu'ils possèdent trois doigts visibles à chaque pied comme le rhinocéros, tandis que les tapirs ont quatre doigts visibles aux pieds de devant et trois à ceux de derrière, et que les chevaux n'ont qu'un doigt apparent renfermé dans un sabot, avec les rudimens de doigts latéraux invisibles. Vous savez, Messieurs, que le tapir américain est de la taille d'un âne, et qu'il est par conséquent plus petit que notre *palæotherium*.

Je n'ai pas besoin, Messieurs, de prévenir vos réflexions sur la découverte extraordinaire d'un genre d'animaux inconnu dans nos climats, dans nos traditions, et dont on ne retrouve plus les analogues sur la surface de notre globe, dont les débris sont enfouis dans des couches de terrain qui font aujourd'hui partie du continent, et qui ont été cependant recouvertes par des dépôts marins ; mais je ne dois pas vous laisser ignorer ce qu'il y a de remarquable dans le gisement auquel appartiennent les palæotheriums de notre département.

M. Cuvier n'a trouvé les restes de ces mammifères que dans les bancs de gypses des environs de

Paris qui ont succédé au calcaire grossier, et qui lui sont visiblement superposés.

Ici nous rencontrons le *palæotherium* dans une *couche d'argile* qui est évidemment inférieure au calcaire grossier coquiller, et qui ne contient que des habitans de la croûte sèche de l'enveloppe terrestre, tandis que le calcaire grossier ne présente que des débris d'animaux marins.

Il faut donc admettre, ou que la surface du globe a été deux fois renouvelée et habitée par des quadrupèdes semblables, et que ces deux époques ont été partagées par un envahissement prolongé de la mer, ou (ce qui est plus vraisemblable) que tous les terrains qui reposent sur la craie et qui comprennent l'argile plastique, la molasse, le calcaire grossier et le gypse, ont été formés pendant une seule époque de la nature, durant laquelle les eaux du golfe qu'occupe aujourd'hui notre département, ont été alternativement douces et salées par le combat ou l'oscillation des fleuves et de la mer.

J'avoue que cette idée d'une baie occupant notre département, me paraît de plus en plus vraisemblable, d'après les coupes géologiques que j'ai l'occasion d'observer tous les jours, et dont le résultat général a été ébauché à grands traits sur l'esquisse géologique que l'Académie a publiée en 1828.

Il me reste à vous présenter, Messieurs, les

caractères minéralogiques des ossemens et de l'argile qui leur sert de gangue.

Les ossemens sont de couleur jaune-bleuâtre ; ils ont gardé toutes leurs formes et même leurs arêtes les plus délicates. Ils paraissent avoir été surpris intacts, et enveloppés sans fractures par la gangue argileuse. Les tubes celluleux sont très-distincts, et tantôt vides, tantôt remplis d'une infusion d'argile. Des cristaux lamellaires et prismatiques se montrent dans leurs cavités cellulaires ; ces cristaux, réduits en poudre, ne font point effervescence avec les acides. Soumis au chalumeau, ils perdent leur eau de cristallisation et paraissent infusibles ; le résidu ne dégage point d'odeur sulfureuse quand on le plonge dans l'eau. Ces caractères appartiennent à la chaux phosphatée, et feraient croire que la substance osseuse s'est désaggrégée par l'action lente d'un dissolvant. Les fragmens d'os soumis à la même épreuve ne développent aucune odeur animale ; leur substance rougit légèrement comme l'argile, et se réduit comme elle en une fritte noirâtre ; quelques os plus compacts (tels que des racines de dents et des portions de vertèbres) ont pris au chalumeau une couleur verte et bleuâtre ; autre indice de la présence du phosphate de chaux.

La gangue est une argile bleue, compacte, à cassure vive, semée de quelques grains de quartz, de la grosseur d'un grain de millet, avec des paillettes très-menues de mica, faisant pâte quand on la délaye dans l'eau, happant à la langue, produisant une effervescence abondante avec les acides. Soumise au chalumeau, elle prend une couleur rose d'abord, blanche ensuite, puis elle se transforme en une fritte noirâtre.

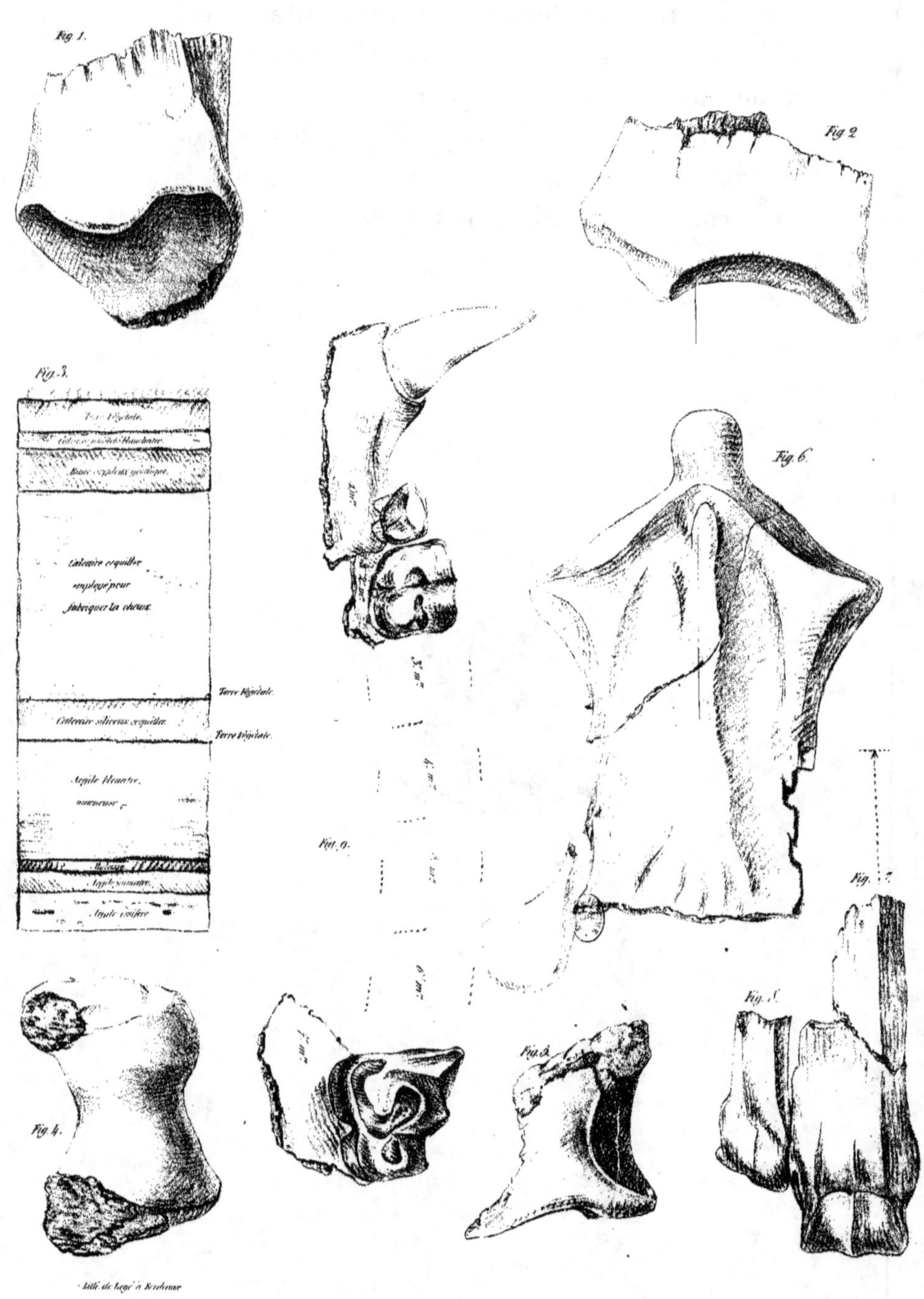
Fig. 1.
Fig 2.
Fig. 3.
Terre Végétale.
Calcaire friable blanchâtre.
Banc argilo-gréseux.
Calcaire coquillier
employé pour
fabriquer la chaux.
Calcaire siliceux coquillier.
Argile bleuâtre
marneuse.
Argile sommaire.
Argile à soufre.
Terre Végétale.
Terre Végétale.
Fig. 4.
Fig. 5.
Fig. 6.
Fig. 7.
Fig. 8.
Fig. 9.
Lith. de Segu à Bordeaux.